Udo Nauber, Klaus Nottrodt

Strategisches Facility Management anhand der Spezialimmobilie Mensa

GRIN Verlag

Bibliografische Information der Deutschen Nationalbibliothek:

Die Deutsche Bibliothek verzeichnet diese Publikation in der Deutschen National-
bibliografie; detaillierte bibliografische Daten sind im Internet über http://dnb.d-
nb.de/ abrufbar.

Impressum:

Copyright © 2007 GRIN Verlag GmbH
Druck und Bindung: Books on Demand GmbH, Norderstedt Germany
ISBN: 978-3-640-41982-1

Dieses Buch bei GRIN:

http://www.grin.com/de/e-book/134368/strategisches-facility-management-anhand-
der-spezialimmobilie-mensa

Fakultät Bauingenieurwesen

Professur

Betriebswirtschaftslehre im Bauwesen

Hausarbeit

Strategisches Facility Management

Spezialimmobilie Mensa

Eingereicht von: Udo Nauber / Klaus Nottrodt

Inhaltsverzeichnis

1 BESONDERHEITEN DES IMMOBILIENTYPS

Jede Immobilie für sich ist ein Unikat und lässt sich nur bedingt mit anderen vergleiche. Trotzdem haben bestimmte Immobilientypen ähnliche Anforderungen, da sie für den gleichen Zweck erbaut wurden. So lassen sich auch für Mensen charakteristische Besonderheiten ausmachen. Auch die innerbetrieblichen Prozesse, angefangen bei der Anlieferung bis hin zur Reinigung, lassen sich für Mensen beschreiben. Diese sollen im Folgenden erläutert und auf besondere Regelungen eingegangen werden.

1.1 Flächenanforderungen

Charakteristisch für eine Mensa sind die großen Speisesäle und ein großräumiges Foyer. Dem unaufmerksamen Betrachter entgeht jedoch, dass auch die sonstigen Flächen, wie Sanitäranlagen, Verkehrsflächen und Ausgaberäume dementsprechend geräumig sind. Die hohen Besucherströme erfordern vor allem breite Gänge und Türen damit sich die Kunden gut zu ihrem gewünschten Zielort in der Mensa bewegen können. Erschwerend kommt hinzu, dass häufig alle Studenten gleichzeitig in den Pausen in die Mensa wollen, die Verkehrsströme also temporär sehr stark sind, obwohl sich zu anderen Zeiten nur wenige Menschen in der Mensa befinden. Wo viele Menschen essen wollen bedarf es auch großer Nebennutzflächen. Ein ausreichendes Lager, große Kücheneinrichtung, Umkleide- und Waschräume für die Mitarbeiter; alles ist größer als gewöhnlich.

Ein großer Gesamtflächenbedarf geht einher mit einem großem Gebäude und hohen Herstellungs- und Bewirtschaftungskosten. Nur eine vorsorgliche und weitsichtige Planung einer Mensa kann die Kosten für Bau und Betrieb positiv beeinflussen. Außerdem müssen die Räume so angeordnet werden, dass sich auch alle Arbeitsabläufe innerhalb der Mitarbeiterbereiche gut ausführen lassen. Wäre das Lager am einen Ende des Gebäudes und die Küche am Anderen würde das zu zusätzlichen Wegen und mehr Arbeit führen. Der Grundriss ist an die Funktionsbereiche der Mensa anzupassen.

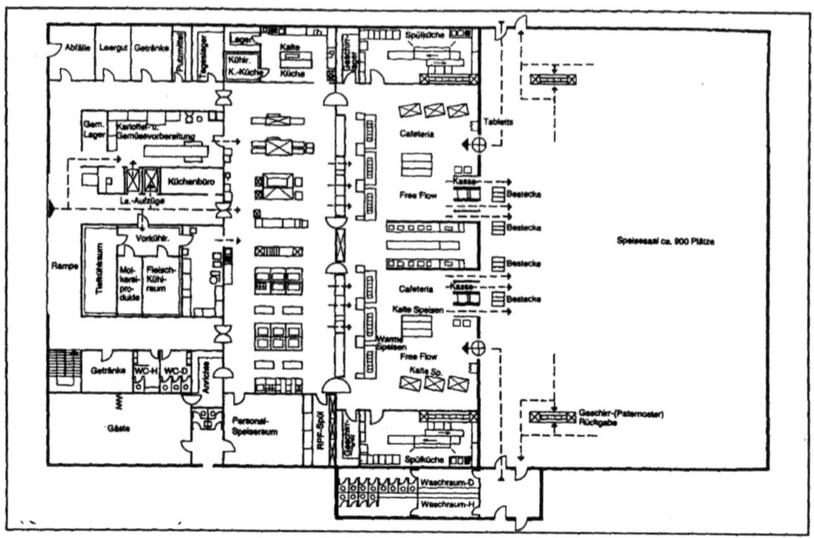

Abbildung 1: Schemagrundriss der Funktionsbereiche einer Mensa[1]

Um den Flächenbedarf von Mensen adäquat bestimmten zu können bedarf es einer möglichst genauen Bedarfsermittlung. Ist dieser Wert gut ermittelt, lassen sich daran die benötigten Flächen relativ leicht planen, da es sich um Verhältniszahlen handelt. Die Größe von Speisesaal zu Küche, Sanitäranlagen, Verkehrsflächen und Nebennutzflächen stehen im engen Verhältnis. Je mehr Gäste, desto größere Küche. Je mehr Essen, desto größer der Essenssaal usw. Um zu ermitteln mit wie vielen Gästen zu rechnen ist, muss eine Vielzahl von Faktoren bei der Kapazitätsermittlung berücksichtigt werden[2]:

Universität oder Fachhochschule? (mehr Mensanutzer bei Universitäten)

Werden Studiengänge mit hohem Anteil an heimischen Selbststudium (Geisteswissenschaften) oder viel Seminarcharakter (Ingenieurwissenschaften) angeboten?

Kann die Mensa z.B. von den Wohnheimen mit öffentlichen Verkehrsmittel oder dem Rad leicht erreicht werden?

Sind viele Hochschulgebäude in der Nähe der Mensa oder liegen diese verteilt?

---

[1] Dammann-Doench Abb. 5.40 S.319

[2] Gem. Dammann-Doench S.261 ff.

Welche nahe gelegenen Gaststätten und Fast-Food-Ketten stehen in Konkurrenz zur Mensa?

Ist die Kapazität an täglichen Mensaessen bestimmt, so können anhand der folgenden Daten die Hauptnutzfläche und die Anzahl der Sitzplätze bestimmt werden. Auch die Dimensionierung der übrigen Funktionsbereiche kann anhand der Kennzahl Sitzplätze relativ genau vorgenommen werden.

Flächenwerte Mensa	m² HNF
m² HNF / Essen	1,0
m² HNF / Sitzplatz	4,3

Abbildung 2: Orientierungswerte für die Dimensionierung einer Mensa[3]

Funktionsbereich	m² HNF / Sitzplatz
Anlieferung	0,04 – 0,06
Lager	0,40 – 0,50
Vorbereitung / Zubereitung	0,50 – 0,65
Rücknahme / Spüle	0,20 – 0,35
Entsorgung	0,07 – 0,14
Ausgabe	0,25 – 0,45
Speisesaal	1,30 – 1,55
Rückgabe	0,10 – 0,20
Weitere Nutzungsbereiche (Personalbereich, Verwaltung, Cafeteria)	0,30 – 0,80

Abbildung 3: Flächenwerte für die Funktionsbereiche einer Mensa (Bandbreiten)[4]

---

[3] Dammann-Doench S.316

[4] Dammann-Doench S.318

1.2 Betriebskosten

Aufgrund unterschiedlicher organisatorischer, betrieblicher und baulicher Voraussetzungen der Mensen unterliegen die Betriebskosten starken Schwankungen. Dabei spielen zum Beispiel die Art der Zubereitung der Waren, besondere Essensangebote, aber auch der spezifische Energieverbrauch für Heizung, Belüftung und Kühlung der Mensa eine große Rolle. Die Betriebskosten müssen deshalb wie bei jeder anderen Immobilie genau für diese ermittelt werden.

Die Aufteilung der Betriebskosten in Sach- und Personalkosten ist schwierig, da das Verhältnis neben der Struktur der Einrichtung auch von den Beschaffungskosten für Waren und dem regional üblichen Löhnen und Nebenkosten abhängt. So ist das Verhältnis von Sach- zu Personalkosten für die Mensen und Cafeterien beim Studentenwerk Jena-Weimar nahezu 1:1.[5] Tendenziell geht die Literatur jedoch von einer Dominanz der Personalkosten aus.

1.2.1 Sachkosten

Zu den Sachkosten zählen sämtliche Energiekosten, die im Bereich der Mensa anfallen, wobei auch der Wareneinsatz zu den Sachkosten gerechnet wird. Wenn man bedenkt, dass die Mensa zu den Öffnungszeiten durchgängig beleuchtet, beheizt oder gekühlt und belüftet wird und nicht wie einer Wohnimmobilie nur auf Bedarf der einzelnen Nutzer diese energieintensiven Funktionen eingeschaltet werden, wird klar, dass der Strom- und Energieverbrauch nicht gering sein kann. Zwischen 0,06€ bis 0,10€ des Essenspreises beruhen im Mittel auf dem Aufwand für elektrische Energie.[6] Da der Großteil der bundesdeutschen Mensagebäude bereits seit längerem Bestehen und Mittel für Sanierung bekanntermaßen sehr knapp sind, genügen die meisten nicht den Anforderungen der Energieeinsparverordnungen und sind durch einen ungewöhnlich hohen Energieverbrauch gekennzeichnet. Das Wissen, dass die Sanierungskosten verhältnismäßig schnell durch die Einsparungen zu refinanzieren wären, steht der Haushaltsproblematik gegenüber (siehe 1.6 Reglementierung).

Der Löwenanteil der Energie entfällt jedoch auf die Essenszubereitung an sich und die dafür benötigte apparative Ausstattung. Für deren Anschaffung und Erneuerung sind im Wesentlichen die jeweiligen Hochschulen verantwortlich. Es muss kaum erwähnt werden, dass auch hier die Mittel für aktuelle energiesparende Geräte knapp sind. Es fehlt nicht am Erkennen sondern an der finanziellen Machbarkeit der Optimierung der Sachkosten.

---

[5] Wirtschaftsplan 2006, Studentenwerk Jena-Weimar, 27.10.05

[6] Vgl. Dammann-Doench S.315

1.2.2 Personalkosten

Laut dem Landesrechnungshof beruhen zwischen 69,6% und 82,5% der Essenskosten auf den aufgewendeten Personalkosten.[7] Das macht deutlich, dass es sich bei Mensen um besonders lohnintensive Betreiberimmobilien handelt. Neben den direkt an der Herstellung des Essens beteiligten Angestellten werden zahlreiche weitere Mitarbeiter für die umfangreichen Unterstützungsprozesse benötigt. Zu diesen zählen unter anderem Kassierer, Reinigungskräfte, Zulieferer und Mitarbeiter der Essensausgabe, aber auch Hausmeister und der zuständige Verwaltungsapparat. Die Aufzählung verdeutlicht, dass neben dem eigentlichen „Kerngeschäft Essenszubereitung" viele weitere Prozesse notwendig sind, um eine reibungslose Abwicklung der Essensversorgung zu gewährleisten. So verwundert es nicht, dass bis zu 3,40€ und im Mittel 2,74€ des Preises für eine Portion auf die Personalkosten zurückzuführen sind.

1.3 Hygienebestimmungen

Für den Betrieb von Großküchen gelten spezielle Hygienebedingungen, da hier große Mengen Nahrung verarbeitet werden und so Keime eine höhere Verbreitungschance haben. Im Gegensatz zur häuslichen, privaten Küche, hätten bei der hohen Anzahl von Kunden einer Mensa mangelnde hygienische Bedingungen zudem negativen Einfluss auf viele Menschen. Bekanntermaßen werden bei Kontrollen in Gastronomiebetrieben häufig Missstände aufgedeckt. Diese resultieren jedoch zumeist nicht aus mangelnder Sorgfalt, sondern aus Unwissen. Deshalb sind alle Mitarbeiter stets über Neuerungen des Hygienerechts zu unterrichten, gegebenenfalls auch auf Schulungen zu schicken. Da die Hygienebestimmungen sehr weitreichend sind sollen hier nur die wichtigsten Verhaltensregeln aufgezählt werden[8]:

Bodenfreie Ausführung der Kücheneinrichtung für besser zugängliche Reinigung

Küchen und Lagerräume der Lebensmittel sind immer in hygienisch einwandfreiem Zustand zu halten

keine Lebensmittel und keine Abfälle offen herumstehen lassen

Bei Verlassen des Hauses dürfen keine verderblichen Lebensmittel zurückgelassen werden

---

[7] Vgl. Dammann-Doench S.315

[8] http://www.hauswaldhof.de

Türen von Geschirrspülmaschinen und Putzschränken müssen offen stehen, damit die Feuchtigkeit abziehen kann

Abfälle jeder Art dürfen nur in die dafür vorgesehenen Behältnisse (Papierkörbe, Mülleimer, Müllsäcke) geschüttet werden

Toiletten, Duschen und Küche müssen sauber gehalten werden

Abfälle sollten in zwei Gruppen getrennt gesammelt werden

- o Grüner Müllsack (Recycling) : Metalle, unzerbrochenes Glas, saubere Stoffe, sauberes Papier, Plastik aller Art (keine Gegenstände mit verschiedenen Materialien)

- o brauner Müllsack: Nassabfälle, Gegenstände aus verschiedenen Materialien

Außerdem sind die jeweiligen Bestimmungen für ordnungsgemäßen Umgang mit und Reinigung von Verarbeitungsmaschinen zu beachten. Des Weiteren gelten bei leicht verderblichen oder anfälligen Lebensmitteln die besonderen Vorschriften für deren Lagerung und Zubereitung. Es ist ausdrücklich untersagt Lebensmittel mit abgelaufenem Haltbarkeitsdatum zu verarbeiten, wie es in vielen Privathaushalten üblich ist. Waren vom Vortag dürfen nicht mehr angeboten werden; alle Produkte sind am aktuellen Tag frisch herzustellen.

Bei der Reinigung der Küche ist auf absolute Sauberkeit zu achten. Auch Staub sowie Fett- und Essensreste, die sich an schwer zugänglichen oder einsehbaren Stellen befinden (z.B. auf Abzugshauben oder unter Arbeitsflächen) sind gründlich zu entfernen, um eine Verbreitung der dort entstehenden Keime zu vermeiden. Die Küche ist nach jedem Arbeitstag feucht auszuwischen. Das Putzwasser wird über Bodenabflüsse abgeleitet, welche mit den notwendigen Abscheidern ausgerüstet sind. Auch scheinbar saubere Geräte wie Spülmaschinen sind täglich zum Ende der Küchennutzung zu reinigen. Sämtliche Abfälle müssen bei Verlassen zum Feierabend entsorgt werden, es dürfen keine benutzen Mülltüten und –eimer über Nacht verbleiben.

Gegebenenfalls ist einer der Angestellten zum Hygienebeauftragten zu bestellen und gesondert zu schulen. Ihm obliegen die Überwachung und Kontrolle der Einhaltung der Bestimmungen.

1.4   Einrichtungsstandard

Die Kosten für die Inneneinrichtung einer Mensa können stark schwanken. Pro m²
HNF liegen die Einrichtungskosten zwischen 150€ und 300€.[9] Der Standard der
Inneneinrichtung der Gastbereiche ist zumeist recht gering. Hier werden keine
aufwändigen Tische und Stühle benötigt. Zweckmäßigkeit geht zumeist dem
Anspruch an Ästhetik vor. Trotzdem muss bei der Inneneinrichtung darauf geachtet
werden, dass eine adäquate Anschaffung erfolgt.

Bei den Tischen, vor allem aber beim Bodenbelag der Gastbereiche, ist darauf zu
achten, dass leicht zu reinigende Materialien verwendet werden. Die Reinigung
sollte ohne teure Spezialputzmittel möglich sein, um die laufenden Kosten für die
Reinigung zu senken. Außerdem sollen die Tische möglichst sofort nach Reinigung
wieder benutzt werden können. Chemikalische Reiniger könnten dazu führen, dass
unangenehme Nebenerscheinungen auftreten. Da leider auch an Universitäten mit
Vandalismus und Verunreinigung von Wänden mit Edding oder Graffitis zu rechnen
ist, sollten auch die Raumwände, Türen und Toiletten nicht mit den edelsten, schwer
ersetzbaren oder zu reinigenden Materialien versehen werden. Da vor allem auch
der Essenssaal nur zum Essen und nicht als Aufenthaltsraum genutzt wird, ist es
nicht schwerwiegend, wenn die Inneneinrichtung einfach gehalten wird.

1.5   Intensivgewerke

Wie jede Immobilie hat eine Mensa ihre ganz besonderen Spezifikationen und
Anforderungen an Planung, Bau und Betrieb. Dabei sind bestimmte Gewerke stärker
zu berücksichtigen als andere. Diese Intensivgewerke können einen großen Einfluss
auf die Bau- und Betriebskosten haben, da an sie erhöhte Anforderungen gestellt
werden. Für Mensen sind insbesondere die Raumlufttechnik und die technische
Gebäudeeinrichtung, vor allem im Bereich des Küchentraktes ausschlaggebend.
Aber auch anderen Teilbereichen der Immobilie muss besondere Beachtung
geschenkt werden. Außerdem soll kurz auf die besonders aufwändige und somit
kostenintensive Dienstleistung der Gebäudereinigung eingegangen werden. Die
folgenden Ausführungen sollen den Leser auf die Problematik aufmerksam machen
und den Grund der höheren Bedeutung dieser Gewerke aufzeigen und weniger auf
technische Details eingehen.

---

[9] Vgl. Dammann-Doench S.314

1.5.1 Raumluft- und Kühltechnik

Mensagebäude sind Immobilien, die durch einen hohen Personenverkehr gekennzeichnet sind. Die Platzwechselraten liegen üblicherweise zwischen 3 und 5, d.h. auf jedem Sitzplatz in der Mensa sitzen täglich zu den Stoßzeiten der Mittagsmahlzeiten 3 bis 5 Personen nacheinander. Bei solch großen Menschenmassen stellen sich auch erhöhte Anforderungen an die Belüftung der Gastbereiche. Die Anlagen müssen ausreichend dimensioniert werden, um sowohl bei extrem hohen als auch niedrigen Temperaturen für ein erträgliches Raumklima zu sorgen. Vor allem bei älteren Mensen gestaltet sich eine Aufrüstung der Klimaanlagen häufig als sehr schwierig. Andererseits ist die Raumlufttechnik ein nicht unerheblicher Kostenfaktor für eine Immobilie. Da es jedoch im Interesse der Mensen liegt auch nicht studierende Gäste anzuziehen, die einen höheren Essensbeitrag und somit verbesserten Ertrag beisteuern, sollte darüber nachgedacht werden hieran nicht zu sparen. Dies fördert die Konkurrenzfähigkeit zu umliegenden Gastronomiebetrieben, die zwar höhere Preise haben, aber häufig auch angenehmere klimatische Bedingungen in den Innenräumen.

Ein weiterer hochsensibler Bereich bezüglich der Be- und Entlüftung sowie der Kühlung ist die Küche und das Lager. In Großküchen wie sie in den meisten Mensen üblich sind bedarf es auch dementsprechender Abzugsanlagen um die Menge an entstehender Hitze und Gerüchen abzuleiten. Dies ist hier besonders wichtig, das häufig offene oder halboffene Schleusen und Türen zu den Ausgabebereichen und somit indirekt zu den Gästebereichen führen. Bei einer schlechten Ablufttechnik würde auch das Raumklima der Essens- und Ausgaberäume negativ beeinflusst. Des Weiteren ist es auch für die Motivation und Moral der Küchenbediensteten von Vorteil die Arbeitsbedingungen möglichst erträglich zu halten.

Schließlich darf auch nicht vergessen werden, dass in Hauptmensen ein nicht unerheblicher Teil der gelagerten Waren gekühlt werden muss. Die Kältetechnik ist ein Spezialgewerk, da nicht nur die Technik an sich sondern auch die Ausstattung und Temperaturisolierung der Räume hohe planerische Ansprüche stellen. Zu den Lagerbedingungen und Temperaturanforderungen finden sich in 1.5.4 Logistik weitere Ausführungen.

1.5.2 Kücheneinrichtung

An die Einrichtung des Küchentraktes einer Mensa stellen sich besondere Anforderungen. Vor allem bei Hauptmensen werden allein aufgrund der zuzubereitenden Menge an Portionen große Apparate und Arbeitsflächen benötigt. Diese haben somit auch einen erheblichen Einfluss auf die Einrichtungs- und Erhaltungskosten. Außerdem müssen die Anschaffungen den Hygienebestimmungen genügen, da Großküchen häufiger kontrolliert werden und um eine einwandfreie Qualität des Essens zu gewährleisten.

Anlieferung, Essensvor- und Zubereitung und die Essensausgabe sind eng zusammenhängende Prozesse und sind im Idealfall in anliegenden Teilzonen untergebracht. Da es sich bei der Küche um einen hygienisch hochsensiblen Bereich handelt sind alle Räume bis hin zum Lager komplett verfliest auszuführen. Außerdem muss durch die Installation von Fett- und Stärkeabscheidern eine Reinigung sämtlicher Küchenabwässer gewährleistet werden.

Die Arbeitsbereiche sind so anzulegen, dass aufeinander folgende Zonen gemäß dem folgenden Organigramm möglichst linear und kreuzungsfrei zu anderen Arbeitswegen sind.

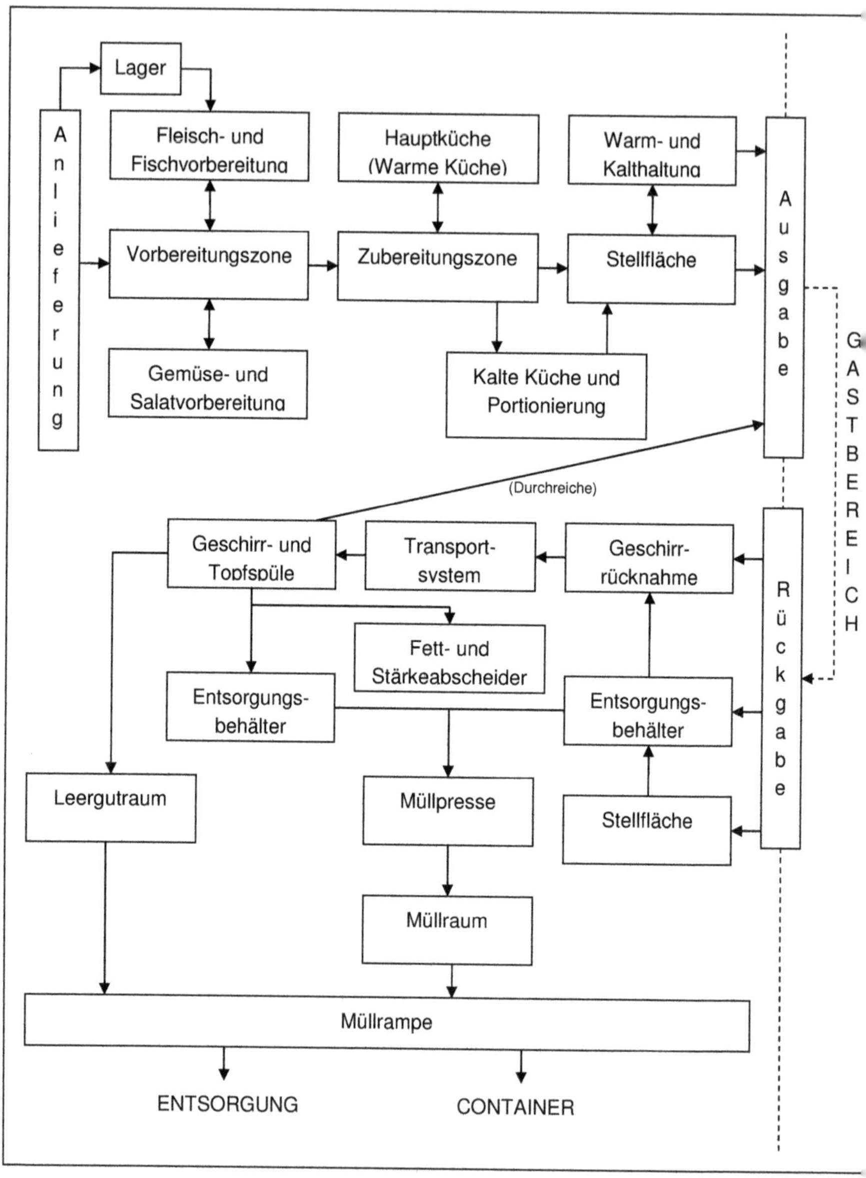

Abbildung 4: Organigramm Mensaküche[10]

---

[10] Aufbauend auf Dammann-Doench S.274 ff.

1.5.2.1   Vorbereitungszone

Im Vorbereitungstrakt werden die angelieferten Lebensmittel für den eigentlichen Garprozess aufbereitet. Dazu gehören das Entfernen von Knochen und Gräten, das Waschen der Rohkost sowie das Zerteilen in Portionen. Dafür werden in dieser Zone Arbeitstische, Wasch- und Spülbecken, Wasch- und Schälmaschinen, Gemüse- und Salatzentrifugen, Rühr- und Schneidmaschinen sowie eventuell Zerkleinerungs- apparate benötigt.

1.5.2.2   Hauptküche

Nachdem die angelieferten Waren aufbereitet und portioniert wurden gehen sie direkt in die Zubereitungszone über. Aufgrund des fließenden Übergangs der Bereiche befinden sich vor allem in kleineren Mensen Teile der Vorbereitungszone häufig mit in der Hauptküche. Dabei ist jedoch darauf zu achten, dass die unreinen Bereiche, in denen Abfälle und Schmutz entstehen, aus hygienischen Gründen räumlich von den Zubereitungsbereichen zu trennen sind.

Dort werden die Speisen gebraten, gegart, gekocht oder gebacken. Zur unbedingten Grundausstattung gehören Kochkessel, Kippbratpfannen, Herde, Heißluftdämpfer, Friteusen und Brat- und Grillautomaten. Außerdem ist in dieser Zone eine entsprechende Ablufttechnik anzubringen. Je nach Mensa und Angebot können weitere Spezialgeräte notwendig sein.

Entsprechend der typischen Zubereitungsweise der Mensaküche sind die o.g. Geräte in so genannten Installationsblöcken angeordnet. So sind z.B. Kochkessel, Kippbratpfannen und Herde für gewöhnlich nebeneinander angeordnet um die Arbeitswege und -zeiten so kurz wie möglich zu halten. Auch die Anordnung der einzelnen Stationen im Raum ist so zu wählen, dass Arbeits- und Transportwege möglichst stets frei sind und sich die Mitarbeiter nicht gegenseitig behindern.

1.5.2.3   Stellflächen und kalte Küche

Für Nachspeisen, Salate und weitere kalte Beilagen sind i.d.R. die Mitarbeiter der kalten Küche zuständig. Zu ihren Arbeitsgegenständen gehören vor allem Arbeits- und Abstellflächen, Schneide- und Schlagmaschinen sowie Tageskühlschränke. Auch gekühlte Vitrinen zur Selbstentnahme durch den Kunden sind hier direkt nebenan gelagert. Der Übergang zwischen kalter Küche, Stellflächen und Essensausgabe ist auch hier fließend. Für die Essensausgabe sind des weiteren Essenswagen mit Warmwasserbehältern anzuschaffen um die fertigen Speisen dauerhaft auf einer adäquaten Temperatur zu halten.

1.5.2.4   Spüle Und Entsorgung

Von der Geschirrrücknahme, die neben der Essensausgabe das zweite Bindeglied zum Gästebereich darstellt, kommen dreckiges Geschirr und Abfälle zurück in den Betriebsbereich der Küche. Um die großen Mengen Geschirr schnell und sicher in den Spülbereich zu bringen muss ein Transportsystem, möglichst mit Tablettes, eingerichtet werden. Die Reinigung erfolg zunächst grob durch die Küchenbediensteten und dann mittels Industriespülmaschinen.

Für die Entsorgung der Abfälle sind vor allem bei großen Mensen eine Müllpresse und ein dazugehöriger Lagerraum einzurichten. Das saubere Geschirr ist wieder zur Ausgabe zurückzubefördern, deshalb ist es günstig den Spülraum nahe der Ausgabe zu platzieren. Wie schon bei der Essenzubereitung sind die sauberen (Leergutraum) und unreinen Bereiche (Müllraum) örtlich zu trennen.

1.5.3   Behindertengerechte Einrichtung

Universitäten als gemeinnützliche bildende Einrichtungen haben auch Gehbehinderten und anderweitig Benachteiligten einen problemlosen Zugang zu ihren Einrichtungen zu ermöglichen. Dies gilt somit auch für die Mensagebäude. Die wenigsten Mensen befinden sich ausschließlich im Erdgeschoss, sondern erstrecken sich über mehrere Geschosse oder besitzen Terrassen und Balkone. Um auch Rollstuhlfahrern die Essensversorgung zu ermöglichen, werden deshalb in den meisten Mensen Personen- oder Rollstuhlaufzüge oder ähnliche Einrichtungen notwendig. Außerdem ist zugleich auf breite Türen (mind. 80cm) und Korridore (mind. 200cm) zu achten[11], was zusätzlich den normalen Personenverkehr erleichtert. Eine behindertengerechte Ausstattung der Sanitäranlagen wird ebenso vorausgesetzt, wie eine gut zugängliche Essensaus- und Geschirrrückgabe.

1.5.4   Logistik (Zulieferung und Lager)

Die Anlieferungszone ist das Bindeglied zwischen den ankommenden Waren und den innerbetrieblichen Prozessen. Eine ordnungsgemäße reibungsfreie Zulieferung ist Grundlage für alle folgenden Arbeitsgänge. Um Engpässe zu vermeiden sind Lagerbereiche einzurichten, in denen haltbare Waren untergebracht werden können. Die Ausführung der Anlieferungstore ist technisch zumeist recht einfach. Besonderes Augenmerk sollte hier dem Platzbedarf von Einfahrt, Innenhof und Anlieferungszone gelten. Der Anlieferungsbereich ist möglichst sichtgeschützt auszuführen und mit Sicherheitstechnik gegen Einbruch zu versehen.

---

[11] http://www.procap-bl.ch

Um die Zufahrt der Lagerräume mit Euro-Paletten (80x120cm) zu gewährleisten, ist eine entsprechende Breite der Verkehrsflächen und Eingangstüren zu berücksichtigen.[12]

Wenn die Hauptmensa für nahe liegende Mensen Lageraufgaben mit übernimmt, ist dies bei der Planung zu berücksichtigen. Je Essen pro Tag ist eine Lagerfläche von 0,05 – 0,15m² einzurechnen.[13] Da für die meisten Speisen jeweils gekühlte und ungekühlte Waren als Ausgangsprodukte dienen, sollten sämtliche Lagerbereiche im Inneren des Gebäudes zusammengefasst werden. Bezüglich der Kühlräume wird empfohlen keine zu große Differenzierung nach unterschiedlichen Temperaturbereichen durchzuführen, da das Lager dann meist überdimensioniert und unflexibel wird. Aufgrund der zunehmenden Just-in-time-Fertigung[14] sind die Lagerbereiche heutzutage zunehmend kleiner geworden.

1.5.5 Reinigung

Neben der Küche sind auch sämtliche Gastbereiche, die Ausgabebereiche und Sanitäranlagen täglich zu reinigen. Die Reinigung ist vor allem lohnkostenintensiv. Wie bereits beschrieben haben Mensen große Flächen, die gerade bei täglicher Reinigung einen hohen Arbeitsaufwand mit sich bringen. Um die Gastbereiche behaglich und sauber zu halten muss auch bis in die letzten Ecken geputzt werden. Vor allem die häufig benutzten Sanitäranlagen sind regelmäßig zu reinigen. Viele Gäste tragen viel Dreck von außen in die Mensa. Je nach Jahreszeit richtet sich Art und Umfang der Verschmutzung. Unter 1.4 Einrichtungsstandard wurde bereits beschrieben, dass es leicht und schwer zu reinigende Oberflächen gibt. Da rund 1/5 der Bewirtschaftungskosten auf die Reinigung der Gebäude entfallen, sollte man gut überlegen, wie die Mensa effektiv und kostengünstig zu reinigen ist.

Besonders geeignet sind fugenlose Bodenbeläge mit Kunstharzbeschichtung, die relativ gut zu wischen sind. Zumeist treten auf die Dauer jedoch nicht zu beseitigende Verfärbungen auf. Im Vorfeld sollte geklärt sein, welche Qualität angeschafft wird. Eine höhere Haltbarkeit und Nutzungsdauer hat einen entsprechenden Preis. Deshalb sollte die Frage nach der Dauerhaftigkeit und dem Zeitpunkt einer möglichen Erneuerung geklärt werden.

Auch Tische und Stühle sollten aus beschichtetem Holz oder ähnlichen Materialien bestehen. Jedenfalls sollten sie feucht zu reinigen sein. Verwinkelte Konstruktionen, wie z.B. gegliederte Stuhllehnen, sollten vermieden werden, da sich hier zusätzlich Schmutz und Staub sammelt und damit der Putzaufwand steigt. Die Zweckmäßigkeit der Einrichtung hat Priorität.

---

[12] Dammann-Doench S.273

[13] Henn, in Loschke/Köster 1976 (siehe Dammann-Doench S.272)

[14] siehe 2.3 Just-in-time-Fertigung

Für andere Bestandteile der Mensa, die nicht unter die tägliche Reinigung fallen sollten in einem verbindlichen Reinigungsplan Intervalle festgelegt werden. Das betrifft unter anderem Fenster und so genannte Staubfänger wie Statuen oder große Pflanzenkübel.

1.6 Reglementierung

Die Bewirtschaftung einer Mensa unterliegt vielfachen Bestimmungen und richtet sich vor allem nach dem jeweiligen Studentenwerkgesetz des Bundeslandes. In deren Artikeln wird festgehalten nach welchen Grundsätzen und Richtlinien eine Mensa zu betreiben ist. Darin sind neben der Rechtsform, der Aufsicht und den Organen sämtliche weitere maßgebliche Bestimmungen niedergeschrieben, die den Betrieb einer Mensa tangieren. Diese sollen im Folgenden anhand des Thüringer Studentenwerkgesetzes[15] kurz erläutert werden.

1.6.1 Aufgaben des Studentenwerks

Neben der wirtschaftlichen Förderung der Studenten und der Durchführung der staatlichen Ausbildungsförderung liegen außerdem die *Einrichtung, Bereitstellung und Unterhaltung von wirtschaftlichen und sozialen Einrichtungen [...], darunter das Betreiben von Verpflegungseinrichtungen* zum Aufgabenbereich des Studentenwerkes. Bau, Unterhalt und Betrieb obliegen demnach, wenn nicht anders geregelt, zunächst dem Studentenwerk.

Weiterhin ist in §3 Aufgaben (3) und (4) festgehalten, dass diese i.d.R. als Selbstverwaltungsaufgaben wahrgenommen werden sollen. Allerdings kann sich das Studentenwerk zur Erfüllung seiner Aufgaben Dritter bedienen, sich an Unternehmen beteiligen oder Unternehmen gründen.

1.6.2 Finanzierung

Ein Bestandteil der Mittelbeschaffung für die Aufgabenerfüllung durch das Studentenwerk sind die Studierendenbeiträge. Allerdings entfällt davon nur ein geringer Teil an die Mensabewirtschaftung, der Rest wird für Lehre, Forschung und Verwaltung erhoben.

---

[15] Neubekanntmachung des Thüringer Studentenwerksgesetzes

Außerdem stehen dem Studentenwerk 5 weitere Finanzierungsquellen zur Verfügung:

Eigene Erträge

Erstattung der Kosten, die durch die Wahrnehmung staatlicher Aufgaben entstehen

Jährliche Finanzhilfen und Zuwendungen bei Projektförderungen

Zuwendungen Dritter

Erträge aus Unternehmensbeteiligungen oder Gewinn eigener Unternehmen

Auch der Wirtschaftsplan der Mensen verdeutlicht, dass diese durch Bezuschussung ihre Verluste ausgleichen. So hat laut Finanzplan 2006 des Studentenwerks Jena-Weimar[16] der Bereich Mensen und Cafeterien ein Betriebsergebnis von -2.340.100 € erwirtschaftet. Genau dieser Betrag wird durch staatliche Zuwendungen ausgeglichen. Dies wiederum stellt in Frage, wie groß der Anreiz wirklich ist, die häufig hervorgehobenen Grundsätze der Sparsamkeit und Wirtschaftlichkeit zu beachten.

Die Studentenwerke sind Dienstleistungsunternehmen mit gesellschaftlichem Auftrag und arbeiten nach modernen kaufmännischen Prinzipien. Hierzu gehören konsequente Markt- und Kundenorientierung, Personalqualifikation und –entwicklung sowie Qualitätssicherung.[17] Aufgrund ihrer Ausrichtung als Non-Profit-Gesellschaften ist es den Studentenwerken außerdem nicht möglich Gewinne zu erwirtschaften.

Laut den Empfehlungen des Bochumer Mensaplans sollten die Studenten beispielsweise nur den Wareneinsatz bezahlen und der fehlende Betrag durch Landeszuschüsse ausgeglichen werden. Aufgrund der knappen Landeshaushalte müssen die Studierenden jedoch auch ungefähr 10% der Herstellungskosten mit tragen. Diese Finanzierung durch Zuwendungen wird auch *Fehlbedarfs-Finanzierungsmodell* genannt und ist gängige Praxis bei allen Studentenwerken.

1.6.3 Liegenschaften und Bildung von Rücklagen

Das Land überlässt den Studentenwerken die Grundstücke und Gebäude für die Erfüllung ihrer Aufgaben, also auch zum Betrieb der Mensen. Dieses wird durch Erbbaurechte oder schuldrechtliche Vereinbarungen realisiert. Dazu müssen sich die Studentenwerke verpflichten die ihnen überlassenen Gebäude instand zu halten und sie nur für ihren bestimmungsgemäßen Zweck zu nutzen.

---

[16] Wirtschaftsplan 2006

[17] www.studentenwerke.de

Dies verdeutlicht, dass es schwierig ist durch andere als studentische Nutzungen zusätzliche Erträge zu generieren.

Das Studentenwerk ist außerdem verpflichtet Rücklagen für Inventar- und Bauaufwendungen zu bilden, zu verwalten und diese bei Bedarf wieder aufzulösen. Die Aufsichtsbehörde ist über die Verwendungszwecke der Auflösungen zu unterrichten.

1.6.4 Wirtschaftsführung

§11 Wirtschaftsführung des Thüringer Studentenwerksgesetzes gibt vor, dass bei der Ausführung der gemeinnützigen Aufgaben die Grundsätze der Wirtschaftlichkeit und Sparsamkeit zu befolgen sind. Die Wirtschaftsführung soll nach kaufmännischen Grundsätzen erfolgen und der Verwaltungsrat hat jährliche Wirtschaftspläne vorzulegen, die sich aus Erfolgsplan, Finanzplan und Stellenübersicht zusammensetzen.

1.7 Organisation

Die Organisation der Mensa hängt maßgeblich von ihrer Art und Größe ab. Man unterscheidet in 3 Mensa-Typen. Je umfangreicher der Aufgabebereich ist, umso höher ist auch der Anspruch an die Organisation und Koordinierung der innerbetrieblichen Abläufe.

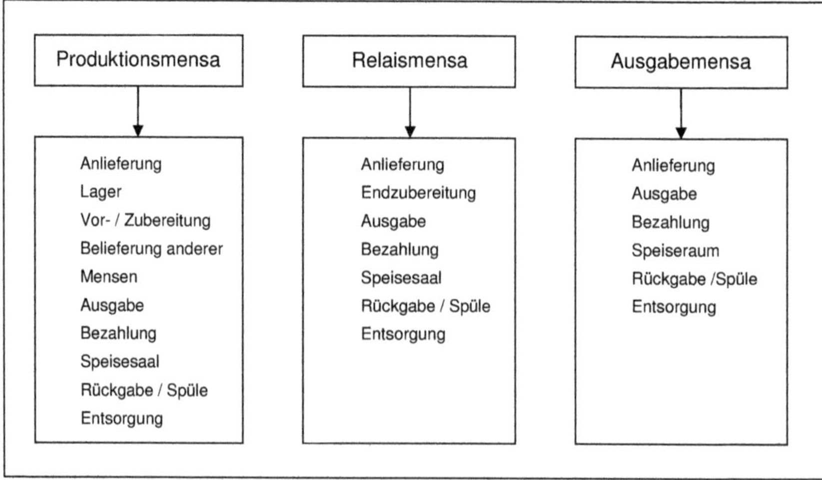

Abbildung 5: Aufgabenbereiche der Mensa-Typen

Es existieren zwei grundsätzliche Organisationsformen für die Essensversorgung eines Studentenwerkes. Je nach Betriebsart der Mensen ist auszuwählen welches die passende ist.

Die *zentralisierte Organisationsform* geht von einer großen Hauptmensa aus, die fast die gesamte Essenversorgung der Studierenden zentral übernimmt. Nur kleine Ergänzungseinrichtungen dienen der Zusatz- und Zwischenversorgung, beispielsweise Cafeterien. Diese Form der Strukturierung bietet sich für Universitäten an, die einen großen Campus mit allen relevanten Einrichtungen an einem Ort besitzen, wie z.B. Mannheim.

Für Universitäten wie die Bauhausuniversität Weimar oder die Universität Jena bietet sich vielmehr die *dezentrale Organisationsform* an. Hier sind neben einer Hauptmensa weitere Nebenmensen eingerichtet. Diese liegen häufig räumlich weit entfernt von der Hauptmensa und haben ein eingeschränktes Angebot, bieten aber trotzdem die volle Bandbreite der Essenversorgung. So ist es möglich auch Studierende zu versorgen, die jenseits der Hauptgebäude zur Mittagszeit Vorlesungen haben.

An vielen Universitäten gehören die Mensen zu einer separaten Gesellschaft für die Liegenschaften der Hochschule, der Betrieb hingegen unterliegt zumeist dem Studentenwerk. Wie und in welcher Gesellschaftsform die Mensa bezüglich Besitz und Betrieb integriert ist, ist nicht festgeschrieben. Wie vielseitig eine Organisation vorgenommen werden kann zeigt das Organigramm der Universität Aachen.

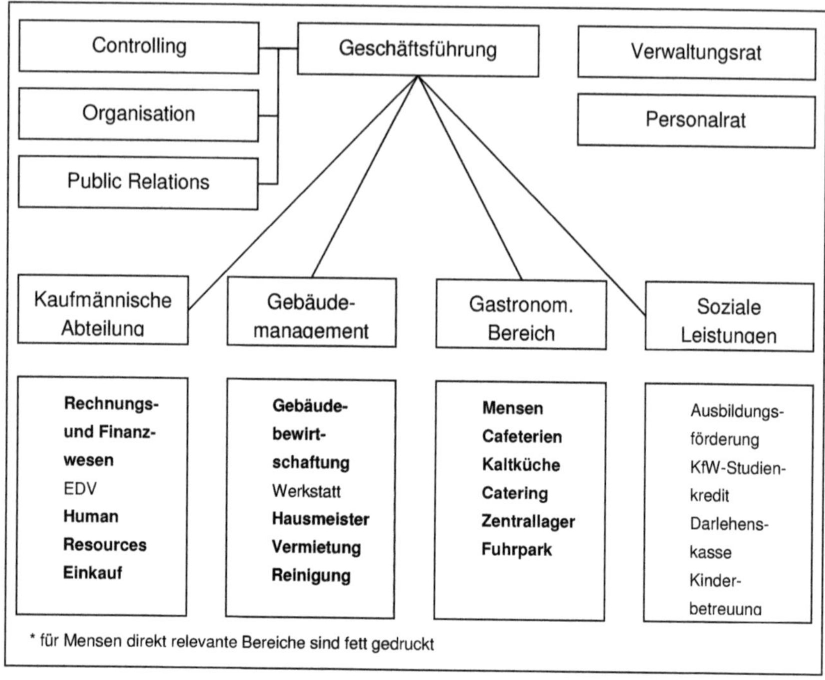

Abbildung 6: Universitätsorganigramm[18]

---

[18] www.studentenwerk-aachen.de

2 ENTWICKLUNG UND TRENDS

Bei vielen in Mensen ablaufenden Prozessen handelt es sich um gut funktionierende, eingeschliffene Arbeitsabläufe. Doch niemals läuft alles perfekt, es ergeben sich immer wieder neue Optimierungspotentiale. Vor allem technische Neuerungen oder Gesetzesänderungen treiben die Entwicklung von Arbeitsprozessen voran. Die wichtigsten Trends im Verpflegungssektor der Hochschulen sind die Privatisierung, Abrechnung und die Just-in-time-Fertigung der Mensaessen, die sich schon seit einigen Jahren immer mehr durchgesetzt hat.

2.1 Privatisierung

Privatisierung ist die Überführung von Verwaltungseinheiten in Gesellschaften mit privater Rechtsform und Managementstruktur (formale Privatisierung) oder Übertragung von Aufgaben/Dienstleistungen teilweise oder vollständig, zeitlich befristet oder auf Dauer auf den Privatsektor.[19]

Zu den Kernaufgaben einer Universität gehören die Lehre, Forschung und soziale Betreuung der Studenten. Diese staatlichen Aufgaben können aus praktischen und rechtlichen Gründen auch nur von hoheitlichen Einrichtungen übernommen werden. Außerdem übernehmen die deutschen Hochschulen weitere Aufgaben, die nicht zu ihren Kernkompetenzen zählen. Dazu zählen unter anderem die Er- und Bereitstellung von günstigem Wohnraum und die Essensversorgung.

2.1.1 Public Sector Participation (PSP)

Bezogen auf die Mensen heißt das, dass jedes Studentenwerk sämtliche organisatorischen Einheiten zum Betrieb seiner Versorgungseinrichtungen vorhalten muss, von der Verwaltung bis zur eigentlichen Essenzubereitung. Vor allem bei kleineren Studentenwerken stehen deshalb die Relationen zwischen Verwaltungsapparat und ausführenden Bereichen in einem uneffizienten Verhältnis. Hingegen haben große Cateringunternehmen zentrale Verwaltungs- und Organisationszentren, während sie an vielen teils deutschlandweiten Standorten zugleich ihre Leistungen anbieten. Sie können durch geringere Umlagen günstiger anbieten. Außerdem beschäftigen sie sich ausschließlich mit der Essensherstellung und -versorgung sowie den dazugehörigen organisatorischen und logistischen Unterstützungsprozessen. Sie operieren deutlich näher am Markt und profitieren eher von Neuerungen und Trends des Marktes als die Hochschulen.

Die Studentenwerke sind laut den Studentenwerksgesetzen verpflichtet nach kaufmännischen Grundsätzen und den Grundsätzen der Sparsamkeit und Wirtschaftlichkeit zu handeln.

---

[19] Alfen-Skript PPP S.32

Dies wird jedoch meist so verstanden die eigenen innerbetrieblichen Prozesse zu verbessern. Dass ein Outsourcing bestimmter Aufgabenbereiche jedoch noch effizienter und kostengünstiger sein könnte wird häufig außer Acht gelassen. Denn es ist extrem schwierig die Effizienz regional oder global operierender Privatunternehmen zu erreichen.

Eine Privatsektorbeteiligung liegt vor, wenn delegierbare, nicht hoheitliche oder andere zu staatlichen Kernaufgaben zählende, Aufgaben, die effizienter von privaten Unternehmen übernommen werden können, outgesourct werden.[20]

Da Aufgaben wie die Gebäudereinigung und die Essensversorgung nicht zu staatlichen Kernaufgaben gehören, können diese auch im Rahmen eines Outsourcings vergeben werden. Aus den genannten Gründen der besseren privatensektorischen Effektivität können hier Kostenvorteile erzielt werden. Als besonders attraktiv für den Privatsektor scheint eine gebündelte Vergabe der Essensversorgung von nah aneinander liegenden Universitäten. Problematisch ist in diesem Zusammenhang, dass der Essenspreis dem Privatunternehmen in einem gewissen Rahmen vorgegeben werden muss. Dementsprechend muss es auch eine Qualitätsvereinbarung geben, die dem Preis gerecht wird.

Ein anderer kritischer Aspekt ist, ob und inwieweit die staatliche Unterstützung zugesichert werden kann, wenn der Aufgabenbereich an den Privatsektor vergeben ist. Die Beantwortung einer so weitreichenden Frage ist im Umfang dieser Arbeit und mit den erschließbaren Quellen nicht möglich. Da die gesamte Gebäudereinigung jedoch in fast allen Universitäten auch von privaten Reinigungsunternehmen übernommen wird, dürften sich auch für den Mensenbereich praktikable Lösungen finden lassen.

2.1.2   Materielle Privatisierung

Wenn statt Dienstleistungen Gebäude oder technische Ausrüstung dem Privatsektor obliegen spricht man von einer so genannten materiellen Privatisierung. Bei der üblichen Konstellation überlässt das Land durch Erbbaurechte seine Besitztümer den Studentenwerken um durch deren Nutzung ihre Aufgaben erfüllen zu können.

Bei einer materiellen Privatisierung würde das Land jedoch zumindest zeitweise sein Eigentum einem privaten Unternehmen überlassen. Eine Weiterleitung des staatlich offerierten Erbbaurechts ist durch die ÖPP-Beschleunigungsgesetze im Schul- und Krankenhaussektor möglich geworden und somit mit Sicherheit auch auf Universitäten und Studentenwerke anwendbar.

Alle mit Bau oder Sanierung einhergehenden Aufgaben angefangen von der Planung der Mensa und ihrer Erstellung, über deren Erhaltung und Modernisierung, bis hin zur wirtschaftlichen Verwertung können dem Privaten dabei übertragen werden.

---

[20] gem. Alfen-Skript PPP S.32

Da große Bauunternehmen viel Erfahrung mit mensaähnlichen Versorgungseinrichtungen haben, können sie die Planungs- und Bauleistungen auch effizienter
durchführen. So würden sich für ein Studentenwerk, das eine neue Mensa oder eine
Sanierung benötigt, Kostenvorteile im Gegensatz zur Selbstvornahme ergeben. Die
erstellte oder sanierte Immobilie verbleibt nach der Leistungserstellung für den
Vertragszeitraum üblicherweise in privater Hand und wird durch das staatliche
Organ zurückgeleast.

Vor allem aufgrund der knappen Universitätsbudgets können notwendige
Modernisierungs- und Sanierungsarbeiten häufig nicht realisiert werden, da das
Geld für eine Einmalzahlung an ein Bauunternehmen nicht verfügbar ist. Bei der
materiellen Privatisierung kann das Studentenwerk über die Vertragslaufzeit das
Bauwerk oder die technische Ausrüstung mieten und gegebenenfalls zurückleasen.
Der Vertrag kann so ausgestaltet werden, dass die Zahlungen in jedem Jahr gleich
sind. Ein solcher Zahlungsplan entspricht viel eher der Charakteristik eines Budgets.

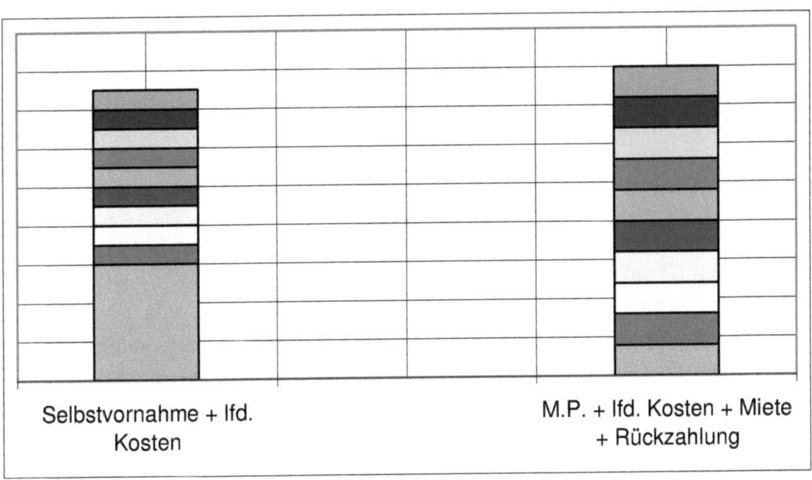

**Abbildung 7: Schematische Gegenüberstellung der Zahlungspläne bei
Selbstvornahme und materieller Privatisierung**

Eine andere Möglichkeit der Privatisierung bildet die Ausgliederung der
Aufgabenbereiche Betrieb und Erhaltung in eine Tochtergesellschaft des
Studentenwerks. Gemäß der Satzung des Thüringer Studentenwerksgesetzes hat
dies den Vorteil, dass das Studentenwerk von eventuell entstehenden Gewinnen an
diesem Unternehmen partizipieren kann.

2.2 Abrechnung

An den meisten Mensakassen erfolgt die Bezahlung noch mit Bargeld. Dabei kommt es immer zu Wartezeiten durch das Heraussuchen von Geld und der Rückgabe von Wechselgeld. Da die Schlangen an den Kassen zu den Hauptzeiten sehr lang sind und es in den Wartebereichen selten Abstellplätze oder Ablagen gibt, kann der Kunde häufig erst an der Kasse das entsprechende Entgelt heraussuchen. Dadurch entstehen zusätzliche Wartezeiten.

In neuen Mensen hingegen hat sich der bargeldlose Zahlungsverkehr durchgesetzt. Dabei werden gegen Pfand von den Hochschulen Magnetkarten ausgegeben, die an den entsprechenden Automaten mit Bargeld oder EC-Karte aufgeladen werden können. An der Kasse wird bei ausreichendem Guthaben der zu zahlende Betrag mittels eines Kartenlesegerätes abgebucht. Angeboten werden diese Systeme z.B. von Firmen wie GiroVend und U-Key.[21]

An der Bauhausuniversität Weimar ist diese Funktion seit fast 3 Jahren mit in die thoska[22] integriert. Diese dient außerdem als Studentenausweis und Ticket für den öffentlichen Personennahverkehr.

Das bargeldlose Zahlungsverfahren hat allerdings auch zwei kritische Gesichtspunkte. Zum einen ist ein Großteil der Studenten den ganzen Monat über knapp bei Kasse. Anstatt das Geld also auf der Magnetkarte zu „parken" wollen viele Studenten lieber liquide sein und bei Bedarf mit Bargeld zahlen. Zum anderen bemängelt mancher Kritiker, dass das Studentenwerk oder das System anbietende Unternehmen von den Zinsen der umgebuchten Mittel profitiert. Auch wenn jeder Student für sich meist nicht viel Geld auf der Magnetkarte hat, so summiert sich dies bei vielen Studenten doch erheblich.

Vom Grunde her ist das bargeldlose System trotzdem zu unterstützen, da es derzeit die einzige Möglichkeit darstellt die Wartezeiten an der „Problemzone Kasse" effektiv zu verkürzen. Essensmarken hingegen sind deutlich unpraktikabler, da sie auf einen festen Betrag lauten und die meisten Mensen Essen zu unterschiedlichen Preisen statt Einheitspreisen anbieten. Auch hier müsste also die Herausgabe von Wechselgeld erfolgen.

2.3 Just-in-time-Fertigung

Die modernen Wirtschaftswissenschaften suchen in allen erdenklichen Belangen nach Optimierungspotentialen. Das Hauptziel ist fast immer eine Kostensenkung oder eine Gewinnsteigerung. Auch die Betriebsabläufe der Mensen haben sich in den letzten Jahren stark gewandelt.

---

[21] Dammann-Doench S.295

[22] Thüringer Hochschul- und Studentenwerkskarte

Steigende Energiekosten und Beschaffungskosten der Nahrungsmittel stehen im Gegensatz zu fast gleich bleibenden Essenspreisen in den Mensen. Diese sind staatlich aus sozialen Gründen so gewünscht. Aus diesem Konflikt heraus wurden viele Arbeitsschritte bei der Essensherstellung optimiert oder gar eingespart.

Das Stichwort ist Just-in-time-Fertigung. Um Kosten zu sparen sollen die Essen möglichst schnell zubereitet werden können. Doch nicht nur Zeit ist Geld, auch Lagerkosten und zusätzliche Arbeitsschritte bei der Herstellung. Die auf den Tag zugeschnittene Herstellung der Mensagerichte begünstigt alle drei Faktoren.

Während früher ein Großteil der wichtigsten Nahrungsmittel in den Mensen auf Lager gehalten wurde, werden diese heute täglich zugeliefert. Das begünstigt zugleich die Frische und Qualität der Produkte. Mittlerweile werden an die meisten Mensen keine Rohprodukte mehr ausgeliefert sondern Zwischenprodukte. Eine ganze Reihe Unternehmen lebt davon, nicht nur für Mensen sondern auch für andere Gastronomiezweige, halbfertige Produkte herzustellen. So entfallen viele der Arbeiten in den Vorbereitungszonen.[23] Salate kommen von den Zulieferern schon gereinigt und geputzt, Fleisch in einzelne Portionen zerlegt, Kartoffeln vorgeschält und viele andere vorbereitete Nahrungsmittel in die Mensen. Diese werden dann bis zur Verwendung in so genannten Zwischen- oder Vorkühlräumen gelagert. Ohne dauerhaft einzulagern werden die angelieferten Produkte zu den planmäßigen Gerichten verarbeitet. Das spart zum einen Lagerkosten und Mitarbeiter für die Vorbereitung, zum anderen können nur durch diese Arbeitsteilung mit den Zwischenverarbeitern Mensen wie die des Studentenwerkes Berlin 20.000 bis 30.000 Essen täglich zubereiten.[24] Anderenfalls wäre der Platz-, Zeit- und Arbeitsaufwand viel zu hoch.

Diese Art der Essensversorgung setzt eine durchdachte Planung voraus. Alle benötigten Zutaten müssen auch am Herstellungstag verfügbar sein. Die ausgedünnten Lager bieten kaum Platz für Improvisation. Man braucht ein ausreichendes Portfolio zuverlässiger Zulieferer. Nur wenn alle Prozesse reibungslos funktionieren und alles zur rechten Zeit, in der richtigen Menge und Qualität am rechten Ort ist, kann eine Just-in-time-Fertigung funktionieren. Außerdem müssen die Mitarbeiter im Umgang mit der vorgefertigten Nahrung geübt sein. Es stellen sich ganz andere Anforderungen als beim gewöhnlichen Kochen. Vor allem Auftau- und Garzeiten sollten peinlich genau beachtet werden.

Trotzdem sind Just-in-time-Produkte nicht mit Fast Food gleichzusetzen. Die angelieferten Produkte werden zumeist noch einigen Verarbeitungsschritten wie Panieren, Gratinieren oder Würzen unterzogen und nicht nur aufgewärmt. Insgesamt kann man jedoch festhalten, dass durch die verkürzte Produktion innerhalb der Mensaküche auch Energie gespart wird. Durch die effizientere Herstellung der Mensaessen kann dem Preisdruck noch einigermaßen nachgekommen werden.

---

[23] siehe 1.5.2.1 Vorbereitungszone

[24] http://www.unievent.de

3   BEST-PRACTICE BEISPIELE

Es ist sehr schwierig Mensen objektiv zu bewerten. Ein Grund dafür ist ein fehlender Messwert. Über Geschmack lässt sich bekanntlich streiten. Somit kann dieser nicht als alleiniges Kriterium herangezogen werden und ist auch nur durch Umfrage einigermaßen quantifizierbar. Auch eine Einordnung nach der Anzahl der täglich angebotenen Essen ist nicht praktikabel, da nicht die Quantität, sondern die Qualität beurteilt werden soll. Werte wie erbrachte Leistung je m² HNF oder Herstellungszeit je Essen sind anderseits nicht oder nur sehr schwer zu bekommen. Trotzdem hat jeder, der schon einmal in verschiedenen Mensen essen war, ein Gefühl dafür, was gut und was schlecht ist. Meist liegt das auch an subjektiven Eindrücken wie der Atmosphäre oder der Freundlichkeit der Mitarbeiter. Eben solche Faktoren hat das Magazin UNICUM im Rahmen einer Umfrage unter 32.000 Studenten in seiner Märzausgabe 2007 herangezogen. Im Folgenden soll kurz auf die Sieger der Wahl zur „Mensa des Jahres" eingegangen werden. Daraufhin folgt eine kurze Erörterung der jeweiligen Faktoren, die in diesen Mensen besser gehandhabt wurden als in anderen.

Gesamtsieger:	1. Mensa Haste (Osnabrück)
	2. Mensa Süd (Rostock)
	3. Mensa/Bistro Europaplatz (Frankfurt/Oder)
Geschmack:	1. Mensa Haste (Osnabrück)
	2. Mensa Süd (Rostock)
	3. Zentralmensa Siegen
Auswahl:	1. Unimensa am Boulevard (Bremen)
	2. Mensa Süd (Rostock)
	3. Zentralmensa Siegen
Service:	1. Mensa Vechta (Osnabrück)
	2. Mensa Haste (Osnabrück)
	3. Mensa/Bistro Europaplatz (Frankfurt/Oder)
Freundlichkeit:	1. Mensa Lahnberge (Marburg)
	2. Mensa Klinikum (Dresden)
	3. Mensa Aschaffenburg (Würzburg)
Atmosphäre:	1. Mensa Passau
	2. Mensa/Bistro Europaplatz (Frankfurt/Oder)
	3. Mensa Klinikum (Dresden)

Abbildung 8: Die Sieger zur Wahl „Mensa des Jahres"[25]

3.1 Mensa Haste (Osnabrück)

Mensa Haste – Sieger der Kategorie Geschmack und Gesamtsieger

Mit nur 16 Mitarbeitern und 800 Mahlzeiten täglich handelt es sich bei der Mensa Haste um eine der übersichtlichen Art. Es ist nicht ausschlaggebend für den Geschmack, dass man die Erfahrung von tausenden Essen täglich hat. Vielmehr spielen die Zutaten und die eigene Qualitätsverpflichtung eine Rolle.

---

[25] UNICUM Ausgabe März 2007

Seit einem Jahr führt die Mensa Haste ein Biozertifikat, viele Biozutaten sind im Komponentensystem enthalten, bei dem sich die Studenten ihr Essen selbst zusammenstellen können. Zudem schieben die Verantwortlichen regelmäßig Aktionswochen an, in denen die Studenten mit asiatischen Gerichten oder Pizza verwöhnt werden.[26]

Die möglichen Pluspunkte beim Geschmack sind Abwechslung und hochwertige Zutaten. Dass diese stets von den Zulieferern kostengünstig bereitgestellt werden, erfordert eine gute logistische Planung und vertragliche Regelungen mit den Lieferanten.

3.2   Unimensa am Boulevard (Bremen)

Unimensa am Boulevard – Sieger der Kategorie Auswahl

In vielen Mensen und Cafeterien gibt es gerichte die jede Woche wiederholt angeboten werden. Viel ansprechender ist ein stetig wechselndes Angebot aus einer großen Bandbreite internationaler Küchen. Doch nicht nur Fleisch und Fisch, auch Beilagen und Soßen sollten häufig variiert werden.

Die Unimensa am Boulevard in Bremen hat keine festen Zusammensetzungen. Sämtliche Hauptspeisen, Beilagen und Desserts können frei kombiniert werden. Das schafft ein abwechslungsreiches Essen und die freie Wahl der Kunden. Andererseits muss vorher auch aus Erfahrungswerten geschlussfolgert werden, welche Gerichte voraussichtlich in welcher Menge nachgefragt werden. Es besteht die Gefahr großer Restposten bestimmter Produkte und deshalb unnützer Kosten.

Essen 1	Essen 2	Pasta, Suppen & Co.
Salate & Co.	Vegetarisch & Co.	Aufläufe, Gratin & Co.
Pfanne, Wok & Co.	Beilagen & Co.	Desserts & Co.

Abbildung 9: Essenskomponenten der Unimensa am Boulevard Bremen[27]

---

[26] http://oliverbaentsch.de

[27] Vgl. Essensplan auf http://www.studentenwerk.bremen.de

3.3   Mensa Vechta (Osnabrück)

Mensa Vechta- Sieger der Kategorie Service

Immer mehr Studentenwerke verstehen sich selbst als moderne Dienstleistungs- und Non-Profit-Unternehmen. Dennoch hat man in vielen Mensen das Gefühl von frustrierten und gestressten Mitarbeitern bedient zu werden. Sonderwünsche sind zumeist Fehlanzeige. Kein anderer Gastronomiebetrieb als eine Mensa würde es seinen Kunden verwehren zum gewählten Gericht eine andere Beilage als im Tagesplan vorgesehen zu wählen. An vielen Mensaausgaben hat sich das geflügelte Wort „Der Kunde ist König" noch immer nicht herumgesprochen.

Ganz anders geht hier die Mensa Vechta in Osnabrück mit leuchtendem Beispiel voran. Gleich am Eingang wird man freundlich von einem Banner mit der Aufschrift „Das Studentenwerk begrüßt seine Gäste, Ihr Mensateam" begrüßt.[28]

Auf Internetseiten wie der von www.qype.com können Studenten ihre Meinung über Mensen und andere städtische Einrichtungen mit anderen Internetnutzern teilen. Bei der Mensa Vechta sind sich alle einig, dass der Wunsch nach Nachschlag oder andere Sonderwünsche nie ein Problem darstellen. Ein Umstand für den viele sogar, die aufgrund der Explosion der Studentenzahlen in Osnabrück, langen Wartezeiten in Kauf nehmen. Service zahlt sich eben doch nicht nur in der Privatwirtschaft aus.

3.4   Mensa Lahnberge (Marburg)

Mensa Lahnberge – Sieger der Kategorie Freundlichkeit

Das moderne Studentenzentrum, südlich des Klinikums, zeichnet sich durch seine transparente Bauweise aus. Die maximale Tageslichtausnutzung betont die einzigartige Innenraumbegrünung und die künstlerische Ausstattung. Auf verschiedenen Ebenen bietet die Mensa 580 Sitzplätze zum Essen im Grünen an.[29] Diese angenehme Atmosphäre scheint sich auch auf die Mitarbeiter auszuwirken.

Der Lohn ist der Preis für die freundlichste Mensa Deutschlands 2006. Hier scheint es den Mitarbeitern nicht wie anderswo üblich so vorzukommen als würden sie eine staatlich vorgeschriebene Pflicht erfüllen. Auch in Studentenwerken kann und sollte man sich der Möglichkeiten der Mitarbeitermotivation bedienen. Jeder Gast wird mit Sicherheit lieber wiederkommen, wenn er freundlich von allen Mitarbeitern an Ausgabe, Kasse und Rückgabe behandelt wurde.

---

[28] Vgl. virtueller Rundgang auf http://www.studentenwerk-osnabrueck.de

[29] http://www.studentenwerk-marburg.de

3.5   Mensa Passau

Mensa Passau – Sieger der Kategorie Atmosphäre

Gegenüber dem weichen Faktor Freundlichkeit steht der härtere Faktor Atmosphäre. Dieser ist hier vor allem als das Wohlfühlen in den Räumlichkeiten definiert. Viele Mensen sind eher praktikabel als ansehnlich gebaut. Andererseits stehen kunstvolle Inneneinrichtungen wie bereits erwähnt auch häufig mit höherem Putzaufwand im Zusammenhang. Hier sollte man abwägen welche Möglichkeiten die bestehenden Gebäude bieten.

Die Passauer Mensa unterscheidet sich von anderen Großküchen vor allem dadurch, dass kein einheitliches Menü angeboten wird: Jeder Gast kann sich das Menü an der Ausgabelinie selbst zusammenstellen. Außerdem findet man im Inneren der Mensa ein gemütliches Ambiente vor. Der Essenssaal wird von einem rustikal anmutenden Holztragwerk überspannt. Der Außenbereich ist transparent und großräumig gestaltet. So verbringen die Studenten gern ihre wohlverdiente Mittagspause.

Abbildung 10: Mensa Passau Außen- und Innenbereich[30]

---

[30] www.wikipedia.de

Quellenverzeichnis

Bücher:

Dammann-Doench, Kristiane [Materialien zur Mensenplanung] Dokumentation und vergleichende Auswertung von Mensa-Neubauten ab 1985, Hannover, 1994.

Internetseiten:

http://www.hauswaldhof.de/downloads/hausordnung01.pdf, 20.05.2007

http://www.procap-bl.ch/Merkblatt_Bauberatung.pdf, 27.05.2007

http://www.studentenwerke.de/main/default.asp?id=10100, 30.04.2007

http://www.studentenwerk-aachen.de/en/wirueberuns/struktur.asp, 29.04.2007

http://www.unievent.de/archiv/artikel/speisung_der_30.000.html, 03.05.2007

http://oliverbaentsch.de/2007/02/28/hier-schmeckts-am-besten/, 04.05.2007

http://www.studentenwerk.bremen.de/files/main_info/essen/plaene/uniessen.php, 04.05.2007

http://www.studentenwerk-osnabrueck.de/rubrik_rundgang.php?id=4, 20.05.2007

http://www.studentenwerk-marburg.de/essen-trinken/mensen/mensa-lahnberge.html, 20.05.2007

http://de.wikipedia.org/wiki/Universit%C3%A4t_Passau, 20.05.2007

Skripten:

Prof. Dr. Hans Wilhelm Alfen [Public Private Partnership], 2005

Veröffentlichungen:

UNICUM – Das bundesweite Campus Magazin, 25. Jahrgang Nr.3, März 2007

Neubekanntmachung des Thüringer Studentenwerksgesetzes, 9. März 2006 (GVBl. S.68)

Wirtschaftsplan 2006, Studentenwerk Jena-Weimar, 27.10.05